U0884499

黄河國家治理文獻集成

《黄河國家治理文獻集成》編委會 編

總第一百册

近代黄河影像志

（二）

霍燕平 編

內蒙古出版集團
內蒙古人民出版社

圖書在版編目（CIP）數據

近代黃河影像志．二 / 霍燕平編．-- 呼和浩特 ：內蒙古人民出版社，2025．8．--（黃河國家治理文獻集成）．-- ISBN 978-7-204-18606-8

Ⅰ．TV882.1-64

中國國家版本館 CIP 數據核字第 2025K9R513 號

近代黃河影像志（二）

編　　者　霍燕平
策劃編輯　王　瑶
責任編輯　白　玲　李　琳
裝幀設計　劉那日蘇　吉　雅　安立新
責任監印　王麗燕
出版發行　內蒙古出版集團　內蒙古人民出版社
地　　址　呼和浩特市新城區中山東路 8 號波士名人國際 B 座 5 層
網　　址　http：//www.impph.cn
印　　刷　內蒙古愛信達教育印務有限責任公司
開　　本　880mm × 1230mm　1/16
印　　張　14
字　　數　180 千
版　　次　2025 年 8 月第 1 版
印　　次　2025 年 8 月第 1 次印刷
印　　數　1—1000 册
書　　號　ISBN 978-7-204-18606-8
定　　價　128.00 元

如出現印裝質量問題，請與我社聯繫。聯繫電話：（0471）3946120

編纂委員會

主　任　陳利保

副主任　周承英　吴義學　王　瑶

成　員　賈大明　何可欣　董立群　羅　婧　王曉俊　董麗娟
白　玲　特日格勒　徐　飛　李月琪　王麗燕　李　琳

主　編　董　杰

副主編　張曉東　曹　玲

委　員（按姓氏筆畫排序）
王　丹　王智慧　王鑫義　白胡日查　朱紫陽　李　萌
李新蕊　姚亞菲　陳　思　曹佳興　梁芹洋　張文文
張　岩　張博原　張　祺　張曉英　喬恩懋　賀　莎
楊　怡　楊建國　楊　承　霍燕平　魏雪剛

引言

千古河流成沃野，幾年沙勢自風湍。

得益于黄河冲積所帶來的疏松土質和有機物，中華先民利用石製工具開始了農業生産，并逐步發展出旱地粟作農業，『能够最大程度保障食物供給的穩定性，奠定了中華文明起源和形成的堅實基礎』〔一〕。而利用河水灌溉，提高區域可預測農業産量，『在産業史上起着最有决定性的作用』〔二〕。隨後，技術進步、經濟發展、人口增加，讓先民的文化生活大爲豐富。嚴文明先生評價道：『這是一場影響深遠的革命。』〔三〕在這場革命中，平衡水、沙、産、人四者之間的關係，始終是黄河治理的核心問題。四者關係一旦失衡，就容易引發諸多灾患。

歷史上，黄河下游因人口稠密、經濟發達，一直是學術界關注的重點。但自河源至今内蒙古托克托縣河口鎮的黄河上、中游區域，雖遠離王畿，人口稀疏，却也一直備受關注，人們逐步認識到黄河全流域治理是國家的重要任務。《漢書》載：『堤防之作，近起戰國，雍防百川，各以自利。』〔四〕没有全流域的協同治理，僅靠各地分段築堤，則黄河河患無法解决。秦建立了中國歷史上第一個中央集權大一統王朝，秦始皇東巡碣石，刻石銘記『决通川防，夷去險阻』〔五〕，開啓中央政府調動各要素治黄之先河，這『在中國，實質上是國家的一種職能』〔六〕。同時，國家通過對黄河的有效治理，爲沿黄流域人民群衆乃至其他地區人民群衆提供了重要的公共物品和産業支撑，成爲人民群衆眼中中央政府的功過評價指標之一。因此，治黄在增强沿黄各族群國家、政治、文化認同的基礎上，强化了中國大一統國家的合法性，成爲歷代國家治理能力的一個重要測度。

一、黄河治理維護了國家的社會穩定

從秦并六國到漢朝建立大一統國家，中國統一的多民族國家形成并得到初步發展。當時中央政府對所轄疆域有『北邊郡』和『内郡』之稱。内蒙古額濟納旗出土的居延漢簡有載，『狠（墾）田以鐵器爲本北邊郡毋鐵官印器内郡令郡以時博賣予細民毋令豪富吏民得多取販賣細民』，可以看出北邊郡是與内郡相對應的行政管轄區域。《史記》卷二十八『封禪書第六』載：『上乃遂去，並（并）海上，北至碣石，巡自遼西，歷北邊至九原。』〔七〕。《史記》卷三十『平準書第八』載：『天子北至朔方，東到太山，巡海上，並（并）北邊以歸。』〔八〕司馬遷多次提及北邊，足見統治者對北邊治理的重視。

漢武帝時，齊人延年提出從今内蒙古引黄河水經今北京一帶，向東注入渤海，以衛北部邊疆。『是時方事匈奴，興功利，言便宜者甚衆。齊人延年上書言：「河出昆侖，經中國，注勃海，是其地勢西北高而東南下也。可案圖書，觀地形，令水工準高下，開大河上領，出之胡中，東注之海。如此，關東長無水災（灾），北邊不憂匈奴，可以省隄（堤）防備塞，士卒轉輸，胡寇侵盜（盗），覆軍殺將，暴骨原野之患。天下常備匈奴而不憂百越者，以其水絶壤斷也。此功壹（一）成，萬世大利。」』[九]《史記》卷二十四『樂書第二』載：『天馬來兮從西極，經萬里兮歸有德。承靈威兮降外國，涉流沙兮四夷服。』[十]如今，包頭地區出土了『四夷盡服』瓦當，出土文物與傳世文獻的呼應，成爲黄河治理維護祖國北部邊疆穩定的見證。

《史記》卷三十『平準書第八』載：『嚴助、朱買臣等招來東甌，事兩越，江淮之閒（間）蕭然煩費矣。唐蒙、司馬相如開路西南夷，鑿山通道千餘里，以廣巴蜀，巴蜀之民罷焉。彭吳（吴）賈滅朝鮮，置滄海之郡，則燕齊之閒（間）靡然發動。及王恢設謀馬邑，匈奴絶和親，侵擾北邊，兵連而不解，天下苦其勞，而干戈日滋。』[十一]清代《汾陽縣志》卷十三『藝文』收録曹學閔《開修黄蘆嶺車路紀德政碑記》，上載：『永寧州，界連西陲，北達邊外歸綏諸路，商賈遠貿粟麥，泛皮船隨黄流南下，聚于州西磧口，一府之民仰利賴焉。而東至太原，南抵平陽，州縣凡二十餘，亦視汾爲橐鑰，蓋所繫非特一方生計矣。』[十二]民國時期，東北淪陷後，開發西北刻不容緩，而『黄河中游之水利，自應加以擴充及整理，藉（借）收桑榆之效，以挽狂瀾於（于）萬一』[十三]。

因黄河流域自然條件優越，歷朝歷代都十分重視對此地的開發，通過强有力的國家干預方式推動各類産業的發展，爲中國北部疆域的形成和社會穩定奠定了基礎。

二、民族交往、物資交流、技術轉移促成黄河治理共同體

《史記》卷十五『六國年表第三』載：秦始皇三十三年（前214），『築長城河上，蒙恬將三十萬』[十四]。這數十萬人中，擁有一技之長的人員不在少數。由此，邊地人口不斷增多，而豐富的物産則促進了商品交流與統一市場的形成。西漢《鹽鐵論·力耕第二》記録了『异物内流』的情形：『是以贏（騾）驢馲駞（駝），銜尾入塞，驒騱騵馬，盡爲我畜，鼲鼦狐貉，采旃文罽，充於（于）内府，而璧玉珊瑚瑠（琉）璃，咸爲國之寶。』[十五]此後，黄河北岸的『贏（騾）驢馲駞（駝）』『驒騱騵馬』『鼲鼦狐貉』『采旃文罽』與西南織錦、中原麻織、農作物等物資相互交流，逐步形成統一的國内大市場，加强了邊疆與其他地區的經濟聯繫，促進了邊疆特色産業的發展。

隨着民族交往交流交融的增强，清代以降，黄河流域内蒙古段輸入到内地的也不僅僅是『异寶』了。《綏遠通志稿·水路》載：『自乾隆以還。口外墾殖日廣。民殷物阜。出境之油、糧、鹽、鹼（碱）、甘草各貨。入境之日用雜貨。山西與歸綏往來之商運。凡經河路者皆以托屬河口爲唯一之碼頭。』[十六]從清乾隆年間到民國時期，由内蒙古經黄河運到山西的貨物有糧、油、鹽、碱、藥材、皮毛等，其中以糧油爲最大宗。糧食品種主要有糜黍、穀子、高粱、豆類及玉米、大小麥

等，油料主要是胡麻。内蒙古供貨支綫有從阿拉善盟阿拉善左旗吉蘭泰鹽池到山西吕梁市磧口鎮的運鹽駝路，五原縣、臨河區一帶各大幹渠的運糧水道，杭錦旗、達拉特旗的甘草馱運綫，鄂托克旗的運碱駝路。内蒙古段各條支綫以供貨爲主，山西段若干支綫以運銷爲主。

《臨縣志》載：『清朝乾隆至民國年間，陝、甘、綏、蒙等地的物資，通過此航綫運達磧口，再用牲口馱運到離石、吴城，轉運至東路（汾、平、介、孝等縣）。據民國20年（1931）統計，每年從綏遠磴口航至磧口的貨船不下4000餘艘』，『是陝、甘、綏、寧與晋西北物資集散之重鎮』。[十七]可見，内蒙古在甘肅、寧夏與陝西、山西等沿黄上下游物資交易中起到了重要的聯結作用；同時也吸引了山西、陝北、河北、山東、甘肅等地的農民遷移至此，并將開渠打壩、引水澆地等農業生産技術、手工技術和商業貿易經營方式帶到這裏。他們在此扎根，除了從事農業生産外，還挖甘草、下窑背炭、在黄河上拉船、在沙漠中拉駱駝、打短工放冬羊、開碾磨油坊，等等。不同地域、不同民族的人們合力修築河渠、引水興業，逐漸形成休戚與共的共同體。其間積纍的産品交易、商業管理、社會治理等方面的經驗，在今天依然有借鑒意義。

清代『首重治河，探河源以窮水患』[十八]，但更深層次的考量是『宣揚大一統及增强國家認同』[十九]。黄河流域人口基數大、分布廣，而全流域治理理念將不同地區、不同民族的人們凝聚成命運共同體，而『大一統』理念正是這一治理實踐的核心主題。

三、黄河流域拓展了中國的發展空間

早期統治者因巡幸及邊防建設所需，統籌管理沿黄河運與秦直道等沿黄馬道，維持着中央政府對北邊的有效治理。河套平原引黄渠道的建設爲秦漢王朝屯田事業提供了基本的水利保證，并將這些區域變成防禦北部邊患的大後方與根據地。于是，沿黄馬道、沿黄河運與萬里茶道、草原絲路等陸路運輸聯通起來，促進了中華文明與其他文明的交流互鑒，拓展了新的發展空間。

新中國成立之後，沿黄各族兒女在中國共産黨的領導下團結合作、艱苦奮鬥，實現了大河安瀾。黄河流域建立起行之有效的防洪抗汛機制，支撐着沿岸的産業發展，改善了周邊生態環境。當代治黄史證明，正是由于中國共産黨的正確領導以及集中力量辦大事的制度優勢，纔從根本上減輕了河患的威脅。進入新時代，黄河流域在築牢安瀾根基的同時，以蓬勃活力拓展着中國的發展空間。沿黄九省區在協同發展中不斷釋放潛力，讓黄河流域成爲國家區域協調發展戰略中不可或缺的重要一極，爲中國的發展源源不斷地注入新動能。

綜上所述，黄河流域的治理不是單純的河道治理、生態環境治理或社會治理，而是一種關涉水、沙、産、人四者關係的系統性、協同性治理，是推動國家可持續發展的動力，也是厘清國家治理與邊疆治理兩者動態交互實際效果的絶佳視角。而黄河工程等『中國本土理論資源、學術積纍』〔二十〕，有助于研究國家治理的演進歷程。進入新時代，黄河治理與國家治理的關係研究不斷開闢新視角、持續涌現新成果，其中鑄牢中華民族共同體意識、邊疆治理與黄河流域生態保護和高質量發展成爲非常重要的研究視角。因此，基于這一角度搜集整理黄河國家治理文獻，意義重大。《黄河國家治理文獻集成》，應運而生。

本叢書系統梳理了黄河治理的歷史脉絡與經驗，既爲新時代黄河流域生態保護和高質量發展提供了歷史鏡鑒，更以文獻爲載體，傳承了治理智慧、凝聚了民族力量，是服務國家發展戰略、鑄牢中華民族共同體意識的重要學術實踐。

《黄河國家治理文獻集成》編委會

二〇二五年一月

〔一〕韓建業：《中華文明的起源和形成》，載《中華民族共同體研究》2022 年第 4 期，第 80-91+172 頁。

〔二〕中共中央馬克思恩格斯列寧斯大林著作編譯局：《馬克思恩格斯選集》第二卷，人民出版社，2014 年，第 240 頁。

〔三〕嚴文明：《黄河流域文明的發祥與發展》，載《華夏考古》1997 年第 1 期，第 49-54+113 頁。

〔四〕（漢）班固：《漢書》卷二十九『溝洫志第九』，中華書局，1964年，第1692頁。
〔五〕（漢）司馬遷：《史記》卷六『秦始皇本紀第六』，中華書局，1963年，第252頁。
〔六〕冀朝鼎：《中國歷史上的基本經濟區與水利事業的發展》，朱詩鰲譯，中國社會科學出版社，1981年，第7頁。
〔七〕（漢）司馬遷：《史記》卷二十八『封禪書第六』，中華書局，1963年，第1398-1399頁。
〔八〕（漢）司馬遷：《史記》卷三十『平準書第八』，中華書局，1963年，第1441頁。
〔九〕（漢）班固：《漢書》卷二十九『溝洫志第九』，中華書局，1964年，第1686頁。
〔十〕（漢）司馬遷：《史記》卷二十四『樂書第二』，中華書局，1963年，第1178頁。
〔十一〕（漢）司馬遷：《史記》卷三十『平準書第八』，中華書局，1963年，第1420-1421頁。
〔十二〕（清）方家駒修，（清）王文員纂：《汾陽縣志》卷十三『藝文』，清光緒十年刻本，第57-58頁。
〔十三〕王華棠、劉錫彤、吳樹德：《黃河中游調查報告》，華北水利委員會編印，1934年，第1頁。
〔十四〕（漢）司馬遷：《史記》卷十五『六國年表第三』，中華書局，1963年，第758頁。
〔十五〕王利器：《鹽鐵論校注》，中華書局，1992年，第28頁。
〔十六〕綏遠通志館：《綏遠通志稿》第十冊，內蒙古人民出版社，2007年，第176頁。
〔十七〕臨縣志編纂委員會：《臨縣志》，海潮出版社，1994年，第273，321頁。
〔十八〕趙爾巽等：《清史稿》卷一二六『河渠一』，中華書局，1977年，第3715頁。
〔十九〕劉惠：《乾隆朝重構黃河河源的實踐與國家認同》，載《清華大學學報》（哲學社會科學版）2018年2期，第147-154+195頁。
〔二十〕許耀桐：《當代中國『治理』概念的演進探析》，載《國家現代化建設研究》2023年3期，第100-111頁。

出版前言

黄河，中華民族的母親河，她不僅孕育了中華文明，更見證了中華民族數千年的發展歷程。習近平總書記深刻指出：『從某種意義上講，中華民族治理黄河的歷史也是一部治國史。』這一重要論述，爲新時代黄河文化的保護傳承以及流域治理提供了根本遵循，也深刻揭示了黄河治理在國家發展和民族復興進程中的核心地位。在學習貫徹習近平新時代中國特色社會主義思想，積極響應國家黄河流域生態保護和高質量發展重大戰略，大力推進北疆文化建設的背景下，《黄河國家治理文獻集成》的編纂出版，具有重要的歷史意義、學術價值與現實指導意義。

黄河治理，自古以來就是國家的頭等大事。從遠古時期大禹治水，到當代運用科學技術進行系統治理，中華民族在數千年的時間裏，積纍了豐富的治河經驗，留下了浩如烟海的文獻遺産。《黄河國家治理文獻集成》收録了元代至民國時期古籍、朱批奏摺、期刊圖片等多模態文獻資源。這些文獻内容豐富、維度多元，既包含記載河工技術、治理方略等的專書，又有漢文朱批奏摺、工程檔案以及不同區域的調查研究報告等。民國時期的文獻則標志着現代水利科學開始融入黄河治理，展現了我國水利事業在時代變革中的創新與發展。近代照片的收録則以更加直觀的方式將黄河治理、黄河沿岸的風貌呈現給讀者。

該文獻的出版，不僅是對瀕危黄河文化遺産的及時搶救與保護，更是對我國水利史、國家治理史、邊疆治理研究學術鏈條的重要補充，具有較高的文獻價值和學術意義。尤爲重要的是，這一集成工作，深度契合鑄牢中華民族共同體意識這一全黨全國各族人民的共同任務。各民族在治理黄河的歷史進程中，緊密協作、共同探索，這些珍貴文獻便是各民族交往交流交融和中華文明認同的生動見證。對這些文獻進行整理出版，能够讓各族人民更加深刻地認識到，在歷史長河中，各民族共同爲黄河治理貢獻了力量，共同守護了家園，從而進一步增强對中華民族共同體的認同感與歸屬感，夯實鑄牢中華民族共同體意識的歷史根基。

《黄河國家治理文獻集成》以『國家治理』爲核心綫索，構建起一個全面、系統、多維的文獻體系：在時間跨度上，聚焦從元代至民國這一傳統治河向現代水利轉型的歷史時期，爲深入研究我國水利事業的發展脉絡提供了清晰的時間坐標；在内容分類上，細緻劃分爲技術專著、工程檔案、區域研究、朱批奏摺、科學報告、圖片等類别，涵蓋黄河治理的各個方面，從不同角度展現了我國在黄河治理上的探索與實踐；在版本選擇上，秉持嚴謹、科學的態度，確保文獻内容的準確性與代表性，爲學術研究奠定堅實基礎。

在編纂過程中，叢書特别注重『全流域治理』的理念，不僅收録了有關下游防洪治河的重要文獻，還涵蓋了中游地區水土保持以及上游地區灌溉開發等方面的珍貴記載。這種對黄河全流域治理的全方位關注，與當前『共同抓好大保護，協同推進大治理』的要求高度契合，充分體現了叢書在傳承歷史文化遺産的同時，緊密服務于當代國家發展戰略的時代價值。

在出版過程中，嚴格保持原書的版式與行款，最大程度地還原文獻原貌。對于部分出現黴變、殘缺的頁面，運用先進的數字化修復技術進行精心處理，在保留原始批注與印章痕迹的基礎上，兼顧了文物的真實性與文獻的可讀性。

此外，爲了更好地服務讀者，方便學術研究，本叢書新增了目録、提要等内容，這些新增部分由編委會精心撰寫。新增目録一般編製二級，個别圖書編製三級；原書有目録而内文無對應標題的，根據原書目録照録；原書目録爲關鍵詞或者其他情況的不編製目録；原書目録與内文不一致的，以原書内文爲準；原書無目録的，按卷端、版心或其他部分輯録；一册書中收録多種圖書的，以書名爲一級標題，編製二或三級。在文字使用上，統一使用現代漢語規範繁體字，對于原版文獻中的异體字、避諱字也使用現代規範繁體字，無對應規範繁體字的保留原字。

《黄河國家治理文獻集成》的出版，是對黄河文化遺産的一次系統性、搶救性保護，具有重大而深遠的現實意義：從學術價值層面來看，叢書成功構建起一座連接傳統與現代治黄文獻的橋梁，爲黄河流域生態保護、水利工程史、國家治理史、邊疆治理、中華民族共同體學等多個領域的學術研究提供了豐富、翔實的基礎文獻，有力推動了相關學科的發展與創新；從文化價值角度而言，生動展現了北疆文化與黄河文化在歷史長河中的交融共生，爲内蒙古『北疆文化』品牌建設提供了堅實的文獻支撑，進一步豐富了中華文化的内涵與外延；從實踐價值方面考量，書中所藴含的治河理念爲我們在新時代背景下實現人與自然和諧共生、推動黄河流域可持續發展提供了寶貴的歷史經驗與智慧啓示。

在此，我們要衷心感謝各藏書機構的大力支持，正是他們提供了珍貴底本資源，纔使得本叢書的編纂出版成爲可能。同時，我們也要向文化遺産智能應用服務中華民族共同體建設『英才興蒙』團隊致以崇高的敬意，他們歷經五年的辛勤耕耘，以嚴謹的治學態度和專業的學術素養，對文獻進行了系統的整理和輯録，爲叢書的内容質量提供了堅實保障。此外，我們還要特别感謝内蒙古自治區黨委宣傳部、内蒙古出版集團將本叢書納入『北疆文庫』重點項目，并在出版過程中給予全方位支持與幫助。

我們衷心期待，這套凝聚着無數心血與智慧的《黄河國家治理文獻集成》，能够在新時代的『黄河大合唱』中奏響歷史的强音，爲黄河流域生態保護和高質量發展注入强大的歷史動力，讓黄河文化在保護中傳承，在傳承中創新，在創新中不斷發展，綻放出更加絢爛的光彩。同時，希望這套叢書能够成爲促進各民族文化交流、鑄牢中華民族共同體意識的重要載體，助力各民族更加緊密地團結在一起，共同爲實現中華民族偉大復興的中國夢而努力奮鬥，讓中華民族共同體意識在黄河文化的滋養下，扎根于每一位中華兒女的心中，成爲推動中華民族不斷前進的强大精神力量。

提要

《近代黃河影像志（二）》霍燕平選編，作者長期從事文物保護和博物館藏品保護工作。《近代黃河影像志（二）》共收録20世紀20年代到40年代黃河上游、中游的珍稀歷史照片370餘幅。全書按航運、建築、民俗、自然景觀四大主題編排，直觀呈現了黃河流域的傳統建築、居民生活場景與文化習俗等珍貴瞬間。

本書所言『近代』，并非歷史學領域定義的鴉片戰爭爆發到五四運動這一時期，而是特指與當下距離較近的歷史時期。編者在整理書稿時，特意保留了部分拍攝者、具體地點不詳但極具研究價值的畫面。此舉不僅爲歷史學、社會學、建築學等多學科提供了新的觀察切口，更爲今日講好『黃河故事』，賡續中華文脈，提供了可持續的學術能量與創意靈感。

目録

航運類

綁在巨石上的木筏（哈里森·福尔曼 1936 年攝于青海）

船隻卸貨（哈里森·福尔曼 1937 年攝于青海）

船夫在船上調整滑輪（哈里森·福尔曼 1932 年攝于青海）

黄河渡口，裝載驢子的木船（哈里森·福尔曼 1932 攝于青海）

乘船横渡黄河的人與拉貨的驢（哈里森·福尔曼 1932 攝于青海）

城外的駝隊（狄化淳 1920 年攝于甘肅蘭州）

鹽運碼頭（狄化淳 1920 年攝于甘肅蘭州）

黄河岸邊（狄化淳1920年攝于甘肅蘭州）

黄河岸邊（狄化淳 1920 年攝于甘肅蘭州）

黄河岸邊（狄化淳 1920 年攝于甘肅蘭州）

黄河岸邊（狄化淳 1920 年攝于甘肅蘭州）

黄河上的獨木舟（狄化淳 1920 年攝于甘肅蘭州）

載牲畜渡黄河（狄化淳 1920 年攝于甘肅蘭州）

黄河碼頭（狄化淳 1920 年攝于甘肅蘭州）

黄河岸邊的木筏（狄化淳 1920 年攝于甘肅蘭州）

黄河岸邊的渡船（狄化淳 1920 年攝于甘肅蘭州）

黄河岸邊的大型木筏（狄化淳 1920 年攝于甘肅蘭州）

駛向渡口的木船（狄化淳 1920 年攝于甘肅蘭州）

黄河岸邊的渡船（狄化淳 1920 年攝于甘肅蘭州）

黄河岸邊的渡船（狄化淳 1920 年攝于甘肅蘭州）

黄河岸邊的渡船（狄化淳 1920 年攝于甘肅蘭州）

黄河上的船磨（狄化淳 1920 年攝于甘肅蘭州）

黄河蘭州段的渡口與渡船（狄化淳 1920 年攝于甘肅蘭州）

黄河岸邊的木筏（狄化淳 1920 年攝于甘肅蘭州）

黄河上的羊皮筏（狄化淳 1920 年攝于甘肅蘭州）

黄河岸邊載貨的大型皮筏（狄化淳 1920 年攝于甘肅蘭州）

黄河岸邊的羊皮筏（狄化淳 1920 年攝于甘肅蘭州）

冬季黄河河運的場景（狄化淳 1920 年攝于甘肅蘭州）

黄河上的羊皮筏子（狄化淳 1920 年攝于甘肅蘭州）

蹬離岸邊的獨木舟（狄化淳 1920 年攝于甘肅蘭州）

黄河上的渡船（狄化淳 1920 年攝于甘肅蘭州）

黄河上的渡船（狄化淳 1920 年攝于甘肅蘭州）

黄河上的渡船（狄化淳 1920 年攝于甘肅蘭州）

黄河上的渡船（狄化淳 1920 年攝于甘肅蘭州）

黄河岸邊的羊皮筏（狄化淳 1920 年攝于甘肅蘭州）

冬季黄河河運的場景（狄化淳 1920 年攝于甘肅蘭州）

黄河岸邊的簡易渡船（狄化淳 1920 年攝于甘肅蘭州）

黄河上的渡船（狄化淳 1920 年攝于甘肅蘭州）

半冰封期黄河上的羊皮筏子（狄化淳 1920 年攝于甘肅蘭州）

黄河河運場景（狄化淳 1920 年攝于甘肅蘭州）

黄河岸邊的木船（狄化淳 1920 年攝于甘肅蘭州）

黄河河運場景（狄化淳 1920 年攝于甘肅蘭州）

黄河沿岸與中山橋（狄化淳 1920 年攝于甘肅蘭州）

黄河蘭州段的渡口（狄化淳 1920 年攝于甘肅）

筏客子（狄化淳 1920 年攝于甘肅蘭州）

黄河岸邊（狄化淳 1920 年攝于甘肅蘭州）

黄河岸邊（狄化淳 1920 年攝于甘肅蘭州）

黄河岸邊（狄化淳 1920 年攝于甘肅蘭州）

黄河岸邊（狄化淳 1920 年攝于甘肅蘭州）

黄河岸邊的羊皮筏與水車（狄化淳 1920 年攝于甘肅蘭州）

黄河岸邊的羊皮筏子（狄化淳 1920 年攝于甘肅蘭州）

黄河岸邊的駝運（狄化淳 1920 年攝于甘肅蘭州）

黄河河運（狄化淳 1920 年攝于甘肅蘭州）

黄河渡口場景（狄化淳 1920 年攝于甘肅蘭州）

渡船上的船夫（狄化淳 1920 年攝于甘肅蘭州）

黄河河運（狄化淳 1920 年攝于甘肅蘭州）

黄河上的帆船（狄化淳 1920 年攝于甘肅蘭州）

木橋（狄化淳 1920 年攝于甘肅蘭州）

木橋（狄化淳 1920 年攝于甘肅蘭州）

木橋（狄化淳 1920 年攝于甘肅蘭州）

木橋（狄化淳 1920 年攝于甘肅蘭州）

黄河上的浮橋（狄化淳 1920 年攝于甘肅蘭州）

黄河上的浮橋（狄化淳 1920 年攝于甘肅蘭州）

黄河上的浮橋（狄化淳 1920 年攝于甘肅蘭州）

黄河上的浮橋（狄化淳 1920 年攝于甘肅蘭州）

索橋（狄化淳 1920 年攝于甘肅蘭州）

索橋遠眺

跨河運輸的情景

中山橋（狄化淳 1920 年攝于甘肅蘭州）

黄河遠眺（狄化淳 1920 年攝于甘肅蘭州）

黄河岸邊的縴夫（狄化淳 1920 年攝于甘肅蘭州）

黄河岸邊的縴夫（狄化淳 1920 年攝于甘肅蘭州）

黄河岸邊的縴夫（狄化淳 1920 年攝于甘肅蘭州）

黄河岸邊建造牛皮貨運筏（哈里森·福尔曼 1933 年—1934 年攝于甘肅蘭州）

黄河蘭州段，載人行進的羊皮筏（哈里森·福尔曼 1933 年—1934 年攝于甘肅蘭州）

黄河蘭州段，載人行進的羊皮筏（哈里森·福尔曼 1933 年—1934 年攝于甘肅蘭州）

筏客子（哈里森·福尔曼 1933 年—1934 年攝于甘肅蘭州）

筏客子（哈里森·福尔曼 1933 年—1934 年攝于甘肅蘭州）

坐在羊皮筏子上的男孩（哈里森·福尔曼 1933 年—1934 年攝于甘肅蘭州）

坐在羊皮筏子上的男孩（哈里森·福尔曼 1933 年—1934 年摄于甘肃蘭州）

坐在羊皮筏子上的男孩（哈里森·福尔曼 1933 年—1934 年摄于甘肃蘭州）

男孩與羊皮筏子（哈里森・福尔曼 1933 年—1934 年攝于甘肅蘭州）

男人和羊皮筏子（哈里森・福尔曼 1933 年—1934 年攝于甘肅蘭州）

男子給牛皮充氣（哈里森·福尔曼 1933 年—1934 年攝于甘肅蘭州）

黄河岸邊的羊皮筏子（哈里森·福尔曼 1933 年—1934 年攝于甘肅蘭州）

黄河岸邊的羊皮筏子（哈里森·福尔曼 1933 年—1934 年攝于甘肅蘭州）

黄河岸邊的羊皮筏子（哈里森·福尔曼 1933 年—1934 年攝于甘肅蘭州）

黄河（哈里森·福尔曼 1943 年拍攝于甘肅蘭州）

黄河岸邊（李約瑟 1943 年攝于甘肅蘭州）

黄河岸邊的皮筏子（李約瑟 1943 年攝于甘肅蘭州）

黄河岸邊的皮筏子（卡斯特 1933 年—1940 年攝于甘肅蘭州）

黄河岸邊的大型皮筏（卡斯特 1933 年—1940 年攝于甘肅蘭州）

黄河岸邊的皮筏（卡斯特 1933 年—1940 年攝于甘肅蘭州）

黄河岸邊，修補船隻的場景（1939 年攝于内蒙古包頭）

黄河岸上的木船（1939 年攝于内蒙古包頭）

在結冰的黄河上行進的駝隊（1939 年攝于内蒙古包頭）

黄河渡口（1939 年攝于内蒙古包頭）

黄河岸邊的鐵船（1939 年攝于内蒙古包頭）

黄河岸邊的造船廠（1939 年攝于内蒙古包頭）

黄河岸邊的造船廠（1939 年攝于内蒙古包頭）

黄河岸邊的造船廠（1939 年攝于内蒙古包頭）

黄河岸邊的造船廠（1939 年攝于内蒙古包頭）

停靠在黄河岸邊的帆船（1939 年攝于内蒙古包頭）

造船工具（1939 年攝于内蒙古包頭）

黄河上的破冰作業（1939 年攝于内蒙古包頭）

黄河河運（1939 年攝于内蒙古包頭）

黄河岸邊的帆船（1939 年攝于内蒙古包頭）

遠眺黄河對岸（1939 年攝于内蒙古包頭）

縴夫協作拉縴場景（1939 年攝于内蒙古包頭）

木船上（1939 年攝于内蒙古包頭）

黄河上的船隻（1939 年攝于内蒙古包頭）

黄河岸邊的羊皮筏（1939年攝于内蒙古包頭）

黄河岸邊（1939年攝于内蒙古包頭）

黄河岸邊（1939年攝于内蒙古包頭）

黄河岸邊（1939年攝于内蒙古包頭）

黄河岸邊（1939年攝于内蒙古包頭）

黄河水文調查（1939 年攝于内蒙古包頭）

黄河水文調查（1939 年攝于内蒙古包頭）

黄河水文調查（1939 年攝于内蒙古包頭）

黄河水文調查（1939 年攝于内蒙古包頭）

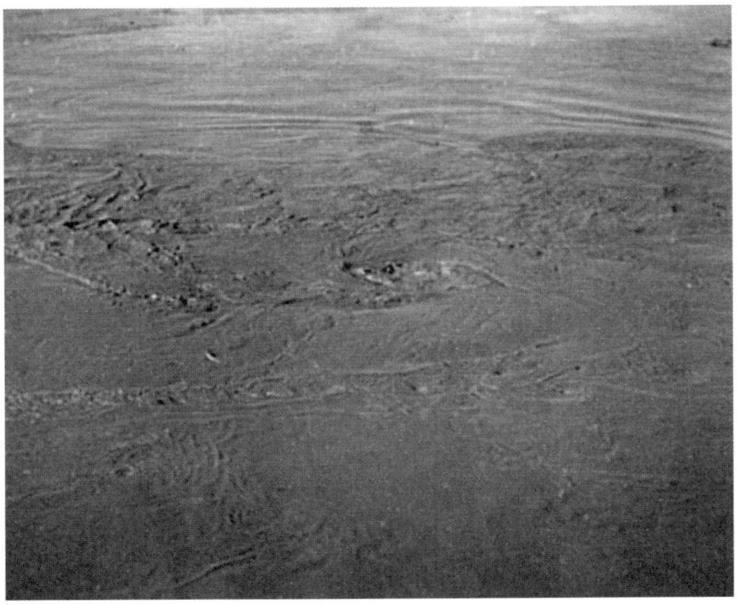

黄河水文調查（1939 年攝于内蒙古包頭）

黄河水文調查（1939 年攝于内蒙古包頭）

黄河水文調查（1939 年攝于内蒙古包頭）

黄河水文調查（1939 年攝于内蒙古包頭）

行走在黄河上（1939 年攝于内蒙古包頭）

黄河封凍期的天然冰橋（1939 年攝于内蒙古包頭）

黄河上的采冰作業（1939 年攝于内蒙古包頭）

黄河上的采冰作業（1939 年攝于内蒙古包頭）

黄河凌汛（1939 年攝于内蒙古包頭）

黄河凌汛（1939 年攝于内蒙古包頭）

黄河凌汛（1939 年攝于内蒙古包頭）

黄河凌汛（1939 年攝于内蒙古包頭）

黄河凌汛（1939 年攝于内蒙古包頭）

黄河凌汛（1939 年攝于内蒙古包頭）

黄河凌汛（1939年攝于内蒙古包頭）

黄河凌汛（1939年攝于内蒙古包頭）

黄河凌汛（1939 年攝于内蒙古包頭）

黄河凌汛（1939 年攝于内蒙古包頭）

黄河凌汛（1939年攝于内蒙古包頭）

黄河凌汛（1939年攝于内蒙古包頭）

黄河凌汛（1939年攝于内蒙古包頭）

黄河凌汛（1939年攝于内蒙古包頭）

黄河凌汛（1939年攝于内蒙古包頭）

黄河凌汛（1939年攝于内蒙古包頭）

黄河凌汛（1939 年攝于内蒙古包頭）

黄河凌汛（1939 年攝于内蒙古包頭）

黄河凌汛（1939年攝于内蒙古包頭）

黄河凌汛（1939年攝于内蒙古包頭）

黄河凌汛（1939 年攝于内蒙古包頭）

黄河凌汛（1939 年攝于内蒙古包頭）

黄河凌汛（1939年攝于内蒙古包頭）

黄河凌汛（1939年攝于内蒙古包頭）

黄河凌汛（1939 年攝于内蒙古包頭）

黄河凌汛（1939 年攝于内蒙古包頭）

黄河凌汛（1939 年攝于内蒙古包頭）

黄河凌汛（1939 年攝于内蒙古包頭）

黄河凌汛（1939 年攝于内蒙古包頭）

黄河凌汛（1939年攝于内蒙古包頭）

黄河凌汛（1939年攝于内蒙古包頭）

黄河凌汛（1939 年攝于内蒙古包頭）

黄河凌汛（1939 年攝于内蒙古包頭）

黄河凌汛（1939 年攝于内蒙古包頭）

黄河凌汛（1939 年攝于内蒙古包頭）

船工勞作場景（哈里森·福尔曼 1944 年拍攝于延安）

延安地區的河運（1944 年攝于陝西）

延安地區的河運（1944 年）

建築類

窑洞（海映光 1932 年攝于青海）

黄河與蘭州城墻（狄化淳 1920 年攝于甘肅蘭州）

蘭州城内（卡斯特 1933 年—1940 年攝于甘肅）

蘭州城墻上的城樓（狄化淳 1920 年攝于甘肅）

蘭州城西門城樓（狄化淳 1920 年攝于甘肅）

青銅峽一〇八塔（卡斯特 1933 年—1940 年攝于寧夏銀川）

賀蘭山及明長城（卡斯特 1933 年—1940 年攝于寧夏銀川）

中衛高廟（卡斯特 1933 年—1940 年攝于寧夏）

西夏王陵（卡斯特 1933 年—1940 年攝于寧夏）

西夏王陵（卡斯特 1933 年—1940 年攝于寧夏）

西夏王陵（卡斯特 1933 年—1940 年攝于寧夏）

西夏王陵（卡斯特 1933 年—1940 年攝于寧夏）

村落（卡斯特 1933 年—1940 攝于寧夏）

銀川承天寺塔（卡斯特 1933 年—1940 年攝于寧夏）

銀川海寶塔（卡斯特 1933 年—1940 年攝于寧夏）

昆都侖召（1936 年攝于内蒙古包頭）

昆都侖召（1939年攝于内蒙古包頭）

昆都侖召（1939年攝于内蒙古包頭）

昆都侖召（1939年攝于内蒙古包頭）

百靈廟鎮（1942年攝于内蒙古包頭）

龍泉寺（1942年攝于内蒙古包頭）

左 / 龍泉寺望河亭　右 / 包頭城垣（1938 年攝于内蒙古）

龍泉寺（1939 年攝于内蒙古包頭）

五當召（1939 年攝于内蒙古包頭）

五當召（1941 年攝于内蒙古包頭）

五當召（1941 年攝于内蒙古包頭）

五當召（1941年攝于内蒙古包頭）

五當召（1941 年攝于内蒙古包頭）

五當召（1941 年攝于内蒙古包頭）

五當召（1941 年攝于内蒙古包頭）

五當召（1942 年攝于内蒙古包頭）

九原關帝廟（1941 年攝于内蒙古包頭）

麒麟影壁（1930 年—1940 年攝于内蒙古包頭）

寺廟（卡斯特 1933 年—1940 年攝于鄂爾多斯）

寺廟（卡斯特 1933 年—1940 年攝于鄂爾多斯）

寺廟（卡斯特 1933 年—1940 年攝于鄂爾多斯）

高原上的蒙古包（哈里森·福尔曼攝于鄂爾多斯）

鄂爾多斯烏審召

鄂爾多斯烏審召

鄂爾多斯烏審召

歸化城五塔寺金剛座捨利寶塔（慈燈寺）

歸化城五塔寺金剛座捨利寶塔

歸化城五塔寺磚雕

歸化城五塔寺磚雕

歸化城席力圖召（延壽寺）

歸化城席力圖召

歸化城席力圖召

歸化城席力圖召

歸化城席力圖召

歸化城席力圖召大經堂局部

歸化城席力圖召牌樓

歸化城席力圖召長壽塔

歸化城席力圖召大經堂抱鼓石

歸化城席力圖召大經堂鎏金飛龍

歸化城大召寺（無量寺）大經堂

歸化城大召寺大經堂

歸化城大召寺山門

歸化城小召寺（崇福寺）

歸化城小召寺

歸化城小召寺牌樓

歸化城小召寺牌樓

歸化城小召寺琉璃殿

歸化城小召寺琉璃經幢

烏素圖召法禧寺

烏素圖召慶緣寺

喇嘛洞召

喇嘛洞召

巧爾齊召藏經樓

歸化城弘慶寺

歸化城財神廟

歸化城乃莫齊召

歸化城天主教堂

歸化城清真大寺

歸化城清真北寺

歸化城清真大寺内景

萬部華嚴經塔

萬部華嚴經塔基座花板雕飾

歸化城建威門

歸化城慶凱橋

歸化城魁星樓

歸化城大北街

歸化城共和醫院

歸化城德泰玉藥店

歸化城懿覽亭

歸化城文具店

歸化城海窟井

歸化城玉泉井

歸化城建威門外

歸化城某民居

歸化城德勝鏢局

綏遠城將軍衙署

綏遠城鐘鼓樓

綏遠城墻（1939 年）

綏遠城角樓

綏遠城阜安門箭樓

綏遠城阜安門

綏遠毛紡廠大門

綏遠省國貨陳列館

綏遠省立圖書館

綏遠城鐘鼓樓

綏遠城滿族小院

綏遠城“老官房”

綏遠城將軍衙署地下工事

綏遠城民居

華北軍第五十九軍抗日陣亡將士公墓

華北軍第五十九軍抗日陣亡將士紀念碑（1938年）

托縣東凉亭

托縣廣寧寺塔

清水河明長城

清水河明長城徐氏樓

清水河下沉式窑洞

清水河窑洞

禹王廟（1939 年攝于山西忻州）

堯帝廟廣運正殿（1939 年攝于山西臨汾）

大雲寺鐵佛佛首（1939 年攝于山西臨汾）

民俗類

青海藏族少女（1937 年）

寧夏地區的戲曲演員

寧夏地區的戲曲演員

寧夏地區的戲曲演員

寧夏地區的戲曲演員

歸化城的婚禮

歸化城的腦閣表演

歸化城的腦閣表演

歸化城的腦閣表演

歸化城的腦閣表演

歸化城的高蹺表演

蒙古包内的場景（1937 年）

蒙古象棋

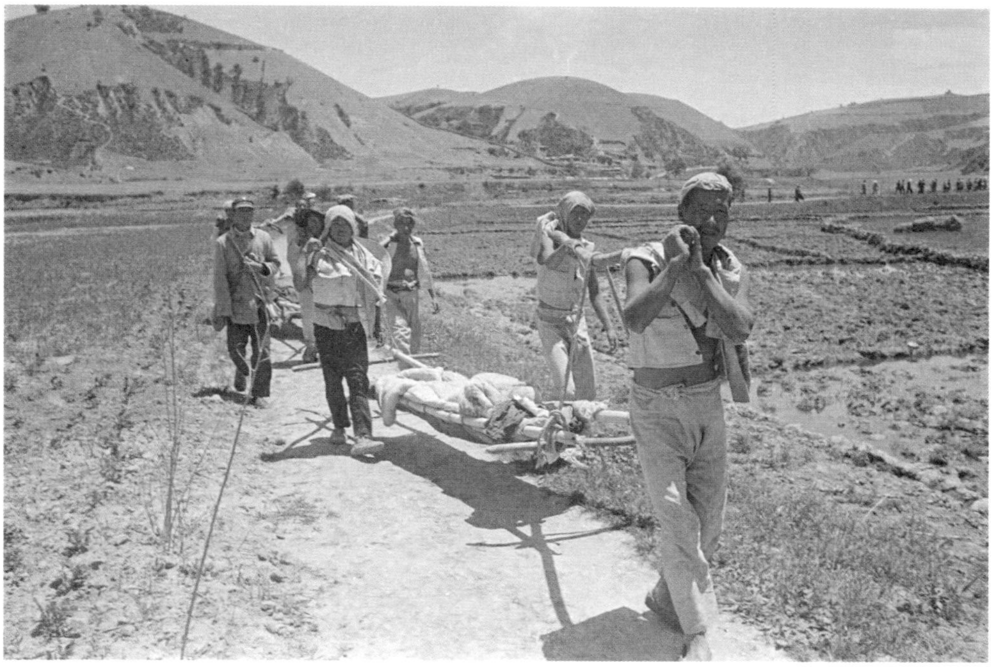

黄土高原上的劳作人群

黄土高原上的女孩

黄土高原上的母女

延安地區軍民一家親

延安地區的游擊隊員

延安地區的游擊隊員

堯廟外的舞龍表演（1939 年攝于山西臨汾）

騾車（1939 年攝于山西臨汾）

自然景观类

窑洞與農田（哈里森·福尔曼 1933 年—1934 年攝于青海）

窑洞與農田（哈里森·福尔曼 1933 年—1934 年攝于青海）

隧道（哈里森·福尔曼 1933 年—1934 年攝于青海）

梯田（哈里森·福尔曼 1933 年—1934 年攝于青海）

黄河遠眺（1937 年攝于青海）

遠眺黄河河岸（海映光攝于 1923 年—1949 年）

黄河峽谷（海映光攝于 1923 年—1949 年）

黄河河岸（海映光攝于 1923 年—1949 年）

黄河河岸（海映光攝于 1923 年—1949 年）

遠眺黄河河岸（海映光攝于 1923 年—1949 年）

黄河河岸（海映光攝于 1923 年—1949 年）

遠眺黄河河岸（1920 年）

遠眺黄河河岸（1920 年）

蘭州西十五公裏處（狄化淳1920年攝于甘肅蘭州）

遠眺黄河河岸（1920年）

黄河遠眺

黄河幹涸的河床（卡斯特攝于1933年—1940年）

黄河幹涸的河床（卡斯特攝于1933年—1940年）

黄河幹涸的河床（卡斯特攝于1933年—1940年）

黄河沿岸的村莊（卡斯特攝于1933年—1940年）

黄河沿岸的村莊（卡斯特攝于1933年—1940年）

黄河幹涸的河床（卡斯特攝于1933年—1940年）

黄河沿岸的村莊（卡斯特攝于 1933 年—1940 年）

黄河沿岸地貌（卡斯特攝于 1933 年—1940 年）

黄河沿岸地貌（卡斯特摄于 1933 年—1940 年）

黄河沿岸地貌（卡斯特攝于1933年—1940年）

黄河沿岸地貌（卡斯特攝于1933年—1940年）

黄河沿岸地貌（卡斯特攝于1933年—1940年）

黄河沿岸村莊（卡斯特攝于1933年—1940年）

黄河沿岸地貌（卡斯特攝于 1933 年—1940 年）

黄河流域地貌（卡斯特攝于 1933 年—1940 年）

黄河（卡斯特摄于1933年—1940年）

黄河沿岸地貌（卡斯特攝于1933年—1940年）

黄河沿岸地貌（卡斯特摄于 1933 年—1940 年）

黄河沿岸地貌（卡斯特摄于 1933 年—1940 年）

黄河沿岸地貌（卡斯特攝于 1933 年—1940 年）

黄河沿岸地貌（卡斯特攝于1933年—1940年）

黄河沿岸地貌（卡斯特攝于1933年—1940年）

六盤山地貌（卡斯特攝于1933年—1940年）

黄河沿岸地貌（卡斯特摄于 1933 年—1940 年）

青銅峽一〇八塔（卡斯特攝于1933年—1940年）

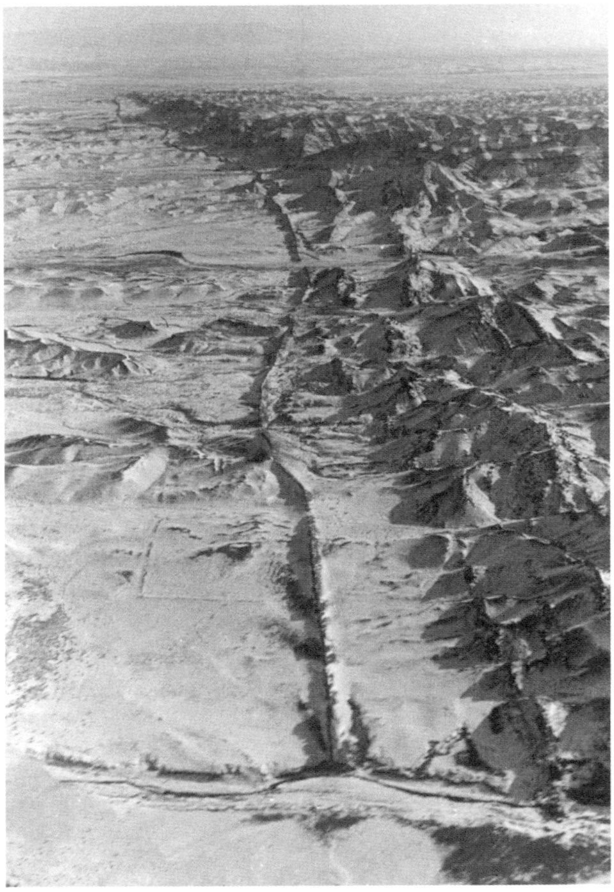

賀蘭山與明長城（卡斯特攝于1933年—1940年）

賀蘭山與明長城（卡斯特攝于 1933 年—1940 年）

黄河凌汛（拍攝人李約瑟拍攝時間 1943 年）

黄河凌汛（李約瑟攝于 1943 年）

黄河凌汛（李約瑟攝于 1943 年）

黄河堤岸（1936 年攝于内蒙古包頭）

黄河岸邊（1936 年攝于内蒙古包頭）

陰山前的農耕（1941 年）

陰山前河道（1941 年）

陰山口脉京包綫牧場（1939 年）

黄河支流大黑河河灘（1941 年）

黄河支流大黑河河灘（1941 年）

清水河明長城

清水河黑礬溝窑址

清水河黑礬溝窑址

清水河黑礬溝窑址全景

清水河黑礬溝窑址

清水河明長城

黄河渡橋（哈里森·福尔曼 1944 年攝于山西臨汾）

延安寶塔（哈里森·福尔曼 1944 年攝于陝西）

遠眺黄河（哈里森·福尔曼 1944 年攝于陝西延安）

後記

我是從數學史學習中逐步瞭解治黄史的。漢代《許商算術》的作者許商，好天文術數之事的王景、李尋善，他們既是數學家，又以治理黄河而聞名。我國現存最早的河工著作《河防通議》，將中國古典數學天元術運用到治黄工程中，創造了中國古代工程數學的一個高峰。除了數學史之外，内蒙古師範大學科學技術史研究還以少數民族科技史和地方科技史見長。李迪先生曾指出地方科技史研究的重要内容是人與自然環境變遷、科技遺迹與自然環境以及環境與生産的關係，此類研究具有明顯的現實意義和重要價值。想要通過大科學史研究，弄清變遷的原因和未來的發展趨勢，産出對于地方各方面的開發有更大、更直接價值的成果，這類研究大多離不開文獻。之後，李迪先生更是直接指出科技史研究不僅是對過去的科技工作和科技成果的回顧與總結，而且要着眼于現代，讓古人的發明創造爲今人服務，繼續在現代發揮其應有的作用。我將先生大科學史的治學理念視爲座右銘，在科研工作中更加注重讓科研成果服務于國家戰略與區域發展需求。

二〇一九年九月，習近平總書記在黄河流域生態保護和高質量發展座談會上指出，黄河流域在我國經濟社會發展和生態安全方面具有十分重要的地位。黄河流域生態保護和高質量發展是重大國家戰略。同年十月，黨的十九届四中全會提出『加强邊疆治理，推進興邊富民』，首次把邊疆治理寫入黨的文件。內蒙古師範大學組織科研力量，積極申報研究闡釋黨的十九屆四中全會精神的國家社科基金重大項目，其中『中國特色社會主義民族區域自治制度自信研究』項目獲批。我承擔其中的『鑄牢中華民族共同體意識下的民族自治地方文化自信研究』子課題，而黄河是首選文化要素。二〇二四年，該項目順利結項，我也對黄河文化所藴含的時代價值有了更深的體會。

有鑒于此，我帶領文化遺産智能應用服務中華民族共同體建設『英才興蒙』團隊，以黄河爲主題，開展了文獻、文物、傳統工藝等多模態資源庫建設和跨模態應用示範工作。這次與內蒙古人民出版社合作出版的《黄河國家治理文獻集成》，旨在梳理和總結文獻中所藴含的歷史經驗和文化信息，爲當代及未來的黄河治理和地方文旅産業發展提供參考與借鑒。

感謝內蒙古民族文化産業研究院、巴彦淖爾市圖書館等单位的傾力相助，感謝內蒙古自治區黨委宣傳部、內蒙古出版集團、內蒙古人民出版社對本項目的支持與幫助。

在此，也向致力于黄河治理和大河安瀾的歷代先賢與當代典範表達崇高的敬意：你們的不懈努力與無私奉獻，爲黄河的安寧與人民的福祉築起了堅實的防綫；你們的智慧與勇氣，將永遠銘刻在中華民族的歷史豐碑上，激勵後人不斷前行。

董杰

二〇二五年一月

北疆文化